SPM 南方传媒 | 新世纪出版社
·广州·

前言

你们肯定想不到，在我小学时的一次数学考试中，我竟然拿到了103分！这可不是吹牛，我确实考出了比100分还多3分的成绩。这是怎么回事呢？事情是这样的：那次考试与以往不同，增加了20分“奥数附加题”。当时我第一次听到“奥数”这个词，并不理解它的含义，只记得“奥数附加题”很难，却很有趣，特别有挑战性。当我把全部附加题解答出来的时候，那种成就感，简直比玩一天游戏、吃一顿大餐还要快乐！

可以说我对数学和其他理科的兴趣，就是从解答奥数题开始的。越走近奥数，越能训练数学思维，这使我在面对小学数学，乃至初高中理科时更有信心。毕竟，大部分理科题，都有数学思维在起作用。

可是在我们那个年代，想要学好奥数并不容易，必须整天捧着一本满页文字和数学符号的课本。因此，大多数同学从一开始就被奥数的表象吓到了。如果有一套简单的奥数书，让大家都能感受到奥数的趣味，从此爱上数学，训练出出色的数学思维，那该多好啊！这套漫画书就是承载着我童年的小小愿望，飞跃了三十多年的时光出现在你们面前的。

真是遗憾，当年如果有这套书，估计全校至少一半的同学都能拿到那20分吧！希望小读者们能在我儿时梦想的书籍中，收获奥数的逻辑、数学的思维与求知的快乐！

老渔

2023年8月

目录

一颗榴梿的猜想

• 火柴棒游戏 •

哥哥，
你看
这个！

榴梿炮弹伤
人事件……
榴梿炮弹伤人事件
榴梿？！

别过来，
我要掰
开啦！
万一对方不
怕臭，爸爸
就惨了！
老爸一定
是去见债主
了，榴梿就
是他的武
器！

走，去太古街
三区36号！

36号
糟糕，门锁住了！
哥哥快看，大龙虾！

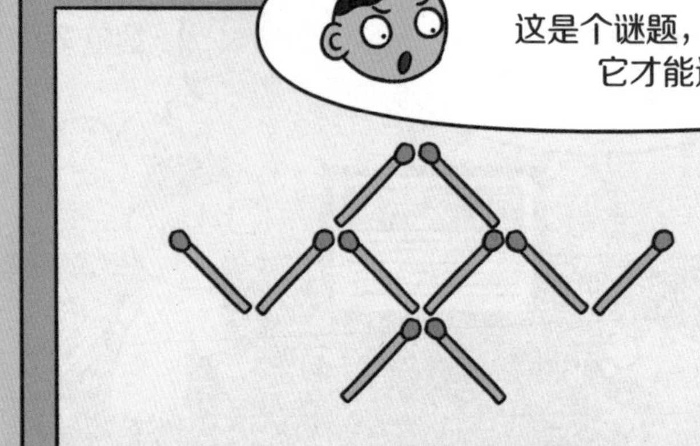

开锁方法：移动 3 根火柴棒，使这只龙虾变成头朝下、尾朝上。

我知道了！

移动第 1 根火柴棒

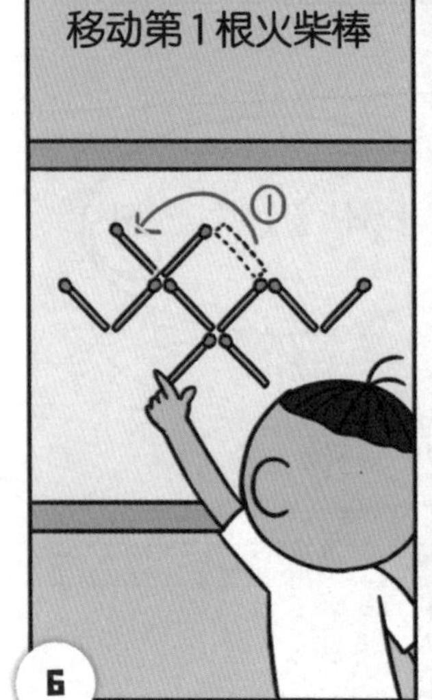

移动第 2 根火柴棒

移动第 3 根火柴棒

叮咚

火柴棒游戏

解题思路

在移动火柴棒时，要仔细观察图形，注意公共边的使用情况。

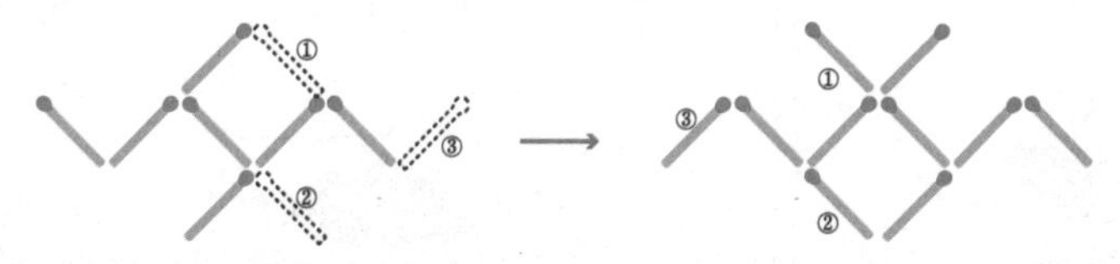

①观察图形，龙虾“头”是一个封闭菱形，龙虾“尾”是两根对在一起的火柴，“钳子”朝“头”的方向开口。要想使龙虾上下颠倒，需要在这 3 处进行变化。

②依次拆开“头”“尾”“钳子”，并将 3 根火柴棒移动到合适的位置。

镜子里的时间

• 照镜子 •
我去睡会儿觉，你记得 12 点半的时候叫醒我，我下午要去开会。
您用手机设闹钟不就行了，我还得看球赛呢！

我的手机不是在你手里吗？！
我忘了，嘿嘿……保证准时叫您！

一段时间后
悠悠，看看几点了！

扭头

11点半了！
才 11 点半呀，还早呢，再看一会儿。
头也不抬

你不知道吗？从镜子里看到的物体和实际物体相比较，左右是相反的。刚才不是11点半，而是12点半！

镜子里　实际上

就知道你俩不靠谱！！
怎么办吧，我现在去开会肯定来不及了！

是小李！肯定是质问我为什么不去开会……该怎么说呢？
小李

你接吧！就跟李叔叔说我……受伤或者生病了，反正就是去不了了。
好吧。

李叔叔，我是小乐！我受伤了！不是不是……是我爸爸受伤了！他骑自行车撞到了大树……胳膊受伤了，腿也受伤了，脖子也扭了……

好的好的，李叔叔再见！
呼……总算瞒过去了。

照镜子

思路

从镜子中看到的物体与实际物体相比较，**上下不变，左右相反**。所以将镜子中的图像左右翻转，得到与它成轴对称的图形，就是真实的物体图像。

镜子里 11:30

实际上 12:30

方法

反看正读法	12扣除法	对称法
从书页的背面看图，再用常规的方法读数。	镜子中的时间按常规方法读出后，用12减去这个时间，就是真实的时间。	根据镜子成像的特点，先把图像左右翻转，再读出真实的时间。
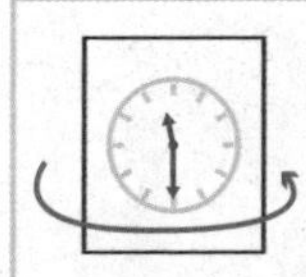 将书页翻过来	镜中读数为11:30，用12减去11:30，为0:30，即12:30。	 左右翻转 → 

烦人的桌角
•七巧板•
这是朋友送我的七巧板矮桌，它的每一部分都可以随意移动、拼组，很厉害吧！
真酷！
卫生
当天夜里
卫生间
睡前真不该喝那么多水……
咚
啊！什么东西撞我？

刚才梦到的生日蛋糕还没吃完，真可惜……
卫生间
咣
再次撞到桌角
又忘了这儿有张桌子了……
卫生间

第二天早上
我夜里上了三次厕所，被这个角撞了六次，连衣服都划破了！
咚
咚
六次……你比咱家金鱼的记性还差。

还不是因为桌子正好放在从我房间去洗手间的路上，所以我才那么容易撞桌角。
有道理，但是家里没有多余的空间，桌子也只能放在这儿。
不用挪走整张桌子，我们只需要把绿色三角形顺时针转一下，把桌子变成一个大三角形，那个烦人的桌角就没有了！
这可真是个聪明的办法！
桌子挪好了，我也该去上班啦。
我换好衣服就去上学。
等一下，怎么会这样？
堵住

七巧板

介绍

七巧板包括**1个正方形、1个平行四边形和5个三角形**。

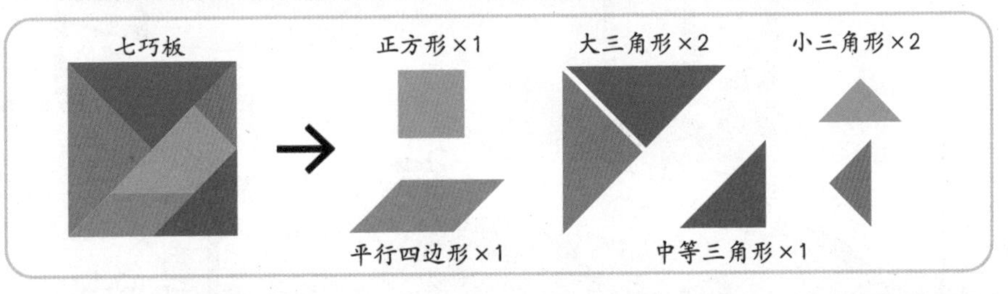

用七巧板拼规则图形时，要确保边和边是对齐的，一般是**长边对长边，短边对短边**。

两个相同的三角形长边对长边，可以拼出**正方形**；两个相同的三角形短边对短边，可以拼出**三角形**或**平行四边形**。

苍蝇与公主

• 勾股定理 •

今晚小区里有化装晚会，你们可以装扮成喜欢的角色去参加！
好棒！我要扮演优雅的泡泡公主！

我要扮成苍蝇侠闪亮登场！
噫——

老爸，给我做一对这样的翅膀吧！

这是翅膀？像两只大蜗牛似的。
你闭嘴！

1小时后
怎么样，还不错吧？
哇！好漂亮！

太棒了，我有翅膀喽！
路上小心！

哈哈哈，最闪亮的苍蝇侠来喽！
榴梿亮
绿床单
这是……绿豆蝇？

是悠悠，她又怎么了？
丁零零
你接起来问问不就知道了。

我刚才骑滑板车的时候，把这根藤条弄断了，怎么办啊？
断裂处

你在原地等一会儿，我找一根一样长的藤条，送过去给你粘上！

老爸，悠悠翅膀上最长的那根藤条是多长啊？
我也不记得那根藤条有多长了，但我知道每根短藤条都是 10 厘米，而且上面的每个三角形都是直角三角形。

妈妈昨天不是教你勾股定理了吗？你试试能不能算出来。
嗯，应该没问题。设第 k 个直角三角形的斜边长为 a_k，第一个三角形中，$a_1^2=10^2+10^2=200$；第二个三角形中，$a_2^2=10^2+a_1^2=300$；依次类推，$a_3^2=400$，$a_4^2=500$……$a_8^2=900$，所以 $a_8=30$。
奋笔疾书
$30\times30=900$

也就是说，最长的那根藤条的长度是 30 厘米！

半小时后
粘好啦！
这下我又是泡泡公主了，谢谢哥哥！
一桶胶水

不用……

阿——阿嚏！
洒出

那我玩去啦，哥哥再见！
啊，等下！有胶水！

嗷！泡泡公主，我是恐怖的木乃伊！
你好，木乃伊先生！

苍蝇侠在那儿呢，你去找他玩吧。
飞速经过

粘住

勾股定理

公式

在直角三角形中，两条直角边的平方和等于斜边的平方。

计算公式为：$c^2=a^2+b^2$。

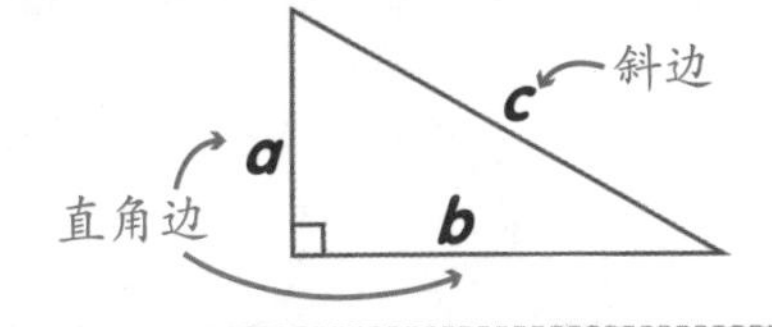

计算方法

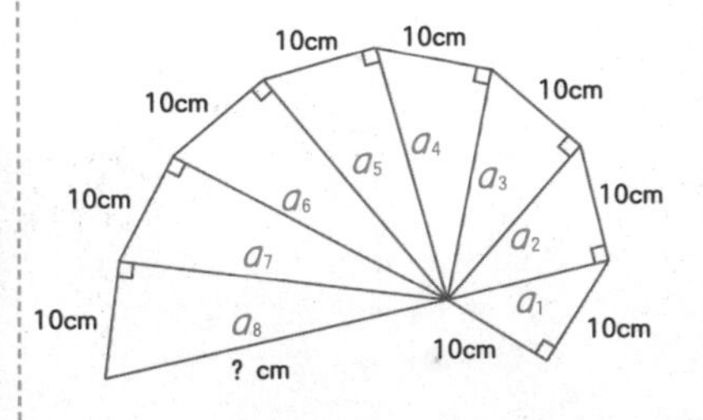

第一个三角形中，$a_1^2=10^2+10^2=200$；

第二个三角形中，$a_2^2=10^2+a_1^2=300$；

依次类推，$a_3^2=400$，$a_4^2=500$……

$a_8^2=900$，所以 $a_8=30$。

爷爷的花生地

•割补法求面积•

爷爷家
炒花生 20 颗，煮花生 30 颗……

哈哈，今天有花生吃呀！

一口吃掉
这下就剩 10 颗了……

没事！花生不够吃，爷爷还做了杀马特！
是沙琪玛……

虽然今年花生长得不好，但是不要担心！隔壁张爷爷下棋输给了我，答应用一块离家近的好地来和我换那块位置偏远的地。爷爷一定好好种，明年让你们吃到很多花生！
真的？
太好啦！

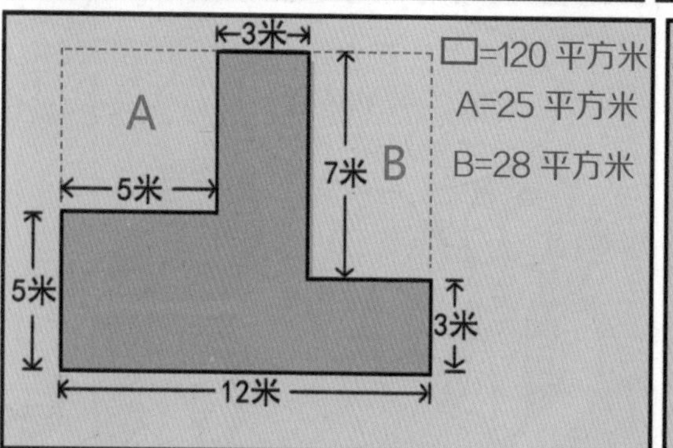

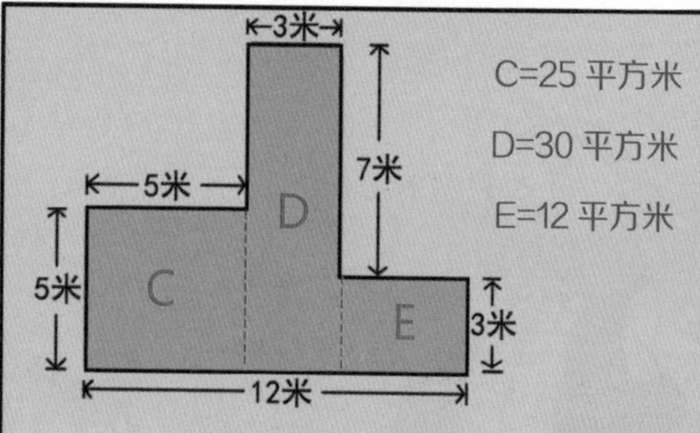

先将这块地补成一个大的长方形，再减去补充的部分就好了。这块地的面积是120-25-28=67（平方米）。

也可以把这块地分成三个长方形，分别求出三个长方形的面积，再加起来，也能算出来这块地的面积是 67 平方米。

割补法求面积

解题思路

求不规则图形的面积时，可以采用**添补法**或**分割法**，使其转化成规则图形，再进行面积计算。

添补法

A　B
3米　7米　5米　5米　3米　12米

将原图形补成一个大长方形

↓

算出总面积，再减去补的面积

补完的大长方形面积

=12×(7+3)=120

A 的面积 =5×(7+3−5)=25

B 的面积 =(12−5−3)×7=28

原图形面积 =120−25−28=67

（面积的单位：平方米）

分割法

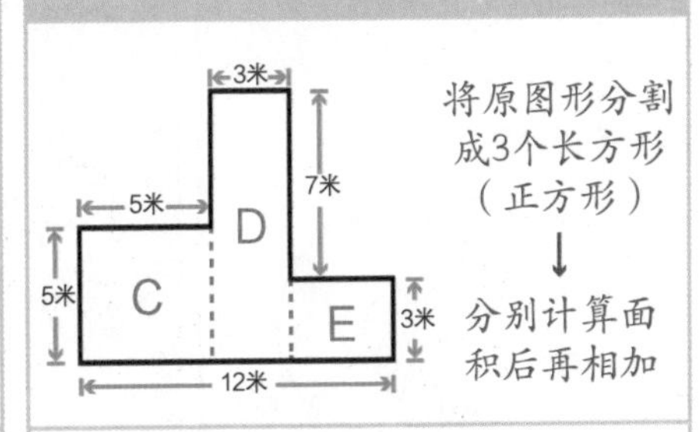

C 的面积 =5×5=25

D 的面积 =3×(7+3)=30

E 的面积 =(12−5−3)×3=12

原图形面积 =25+30+12=67

（面积的单位：平方米）

难受的奖励

• 圆与扇形 •

这几天在爷爷家多干点活，
别只想着玩游戏。
知道啦！
老爸，您
放心吧。

气喘吁吁

我们别光顾着自
己玩了，去给爷
爷帮帮忙吧。

爷爷！有什么我
们能帮忙的吗？
真乖！

那你们就帮我铺
铺花坛吧，铺好
后爷爷种花！
这么大的花坛！

你们按图纸把涂上颜色的部分铺好石子就行，干得好爷爷就给你们一个大大的奖励！
有奖励！

爷爷，您快回去好好休息一下吧！
没错没错！看看电影，打打游戏，花坛就放心交给我们吧！
好好好！乖！你们遇到什么问题就来找爷爷啊。
这得搬多少石子啊？
感觉要把人累死……

哎，悠悠你看！这张图带颜色的部分刚好可以拼成一个扇形，是圆的四分之一！
这么看就清晰多了，那这个扇形的面积是多少呢？

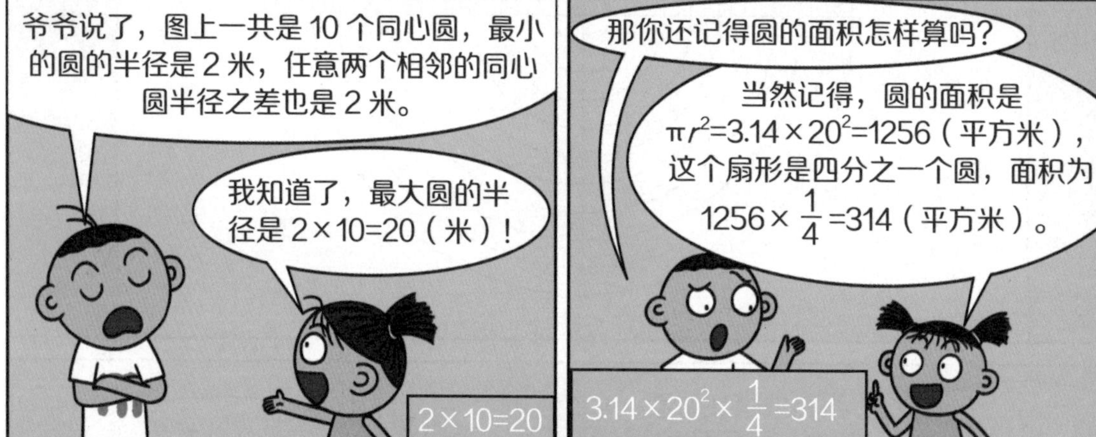
爷爷说了，图上一共是 10 个同心圆，最小的圆的半径是 2 米，任意两个相邻的同心圆半径之差也是 2 米。
我知道了，最大圆的半径是 2×10=20（米）！
2×10=20
那你还记得圆的面积怎样算吗？
当然记得，圆的面积是 $\pi r^2=3.14\times20^2=1256$（平方米），这个扇形是四分之一个圆，面积为 $1256\times\frac{1}{4}=314$（平方米）。
$3.14\times20^2\times\frac{1}{4}=314$

原来不需要太多石子呀！
咱们开始动手干吧！
终于铺好了！
我们快去找爷爷领奖励吧！
爷爷，我们把花坛全铺完啦！奖励是什么呀？
是好吃的还是好玩的？
喏！奖励就在这里面……

圆与扇形

概念和公式

	概念	公式
圆	圆是平面上的一种封闭曲线图形，圆中心的一点叫圆心，连接圆心和圆上任意一点的线段叫半径。	**圆的面积** $=\pi r^2$（r是圆的半径）
扇形	圆的一条弧和经过这条弧两端的两条半径所围成的图形叫扇形。	**扇形的面积** = 圆的面积 × 比例

解题思路

①将所有带颜色的部分都移动到左上方，拼成一个扇形。

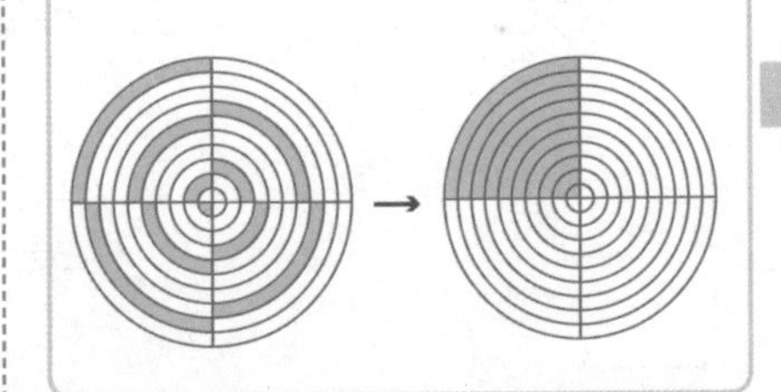

②求出所有同心圆中最外侧一个圆的半径，为 $2\times10=20$（米）。

③根据公式求出圆的面积，为 $\pi r^2=3.14\times20^2=1256$（平方米）。扇形面积是圆面积的$\frac{1}{4}$，为 $1256\times\frac{1}{4}=314$（平方米）。

金脚丫奖杯

•特殊图形•

哇！
哎呀，小意思，这样的奖杯我都拿三个了！哈哈哈哈哈！
哼，要不是踩到了鞋带，这届的金脚丫奖杯肯定是我的！
对啦，我自己做一个奖杯不就好啦！

那个奖杯是一个镶着金箔的六边形铜片，上面贴着面积为 150 平方厘米的黑色牛皮。你真能做出来吗？
那有什么难的，只要我能画出图纸……
教室
轻轻拿出

描边
怎么样？
真不错！
描好的图纸

家里

嘿嘿，大小刚好。
六边形花盆底

提示：大人的剪刀有危险，小朋友们不要碰触。
现成的牛皮……
妈妈的皮大衣

悠悠的巧克力

嘻嘻，金箔也有了。
巧克力包装纸

深夜
只要把它们按图纸粘到一起就行了。

悠悠的巧克力包装纸
妈妈的皮衣碎片
哈哈，大功告成！我可真是个天才！
爸爸的花盆底

装裱店
老板，请问装一个玻璃框多少钱？
多大面积？

我只知道黑色牛皮的面积是 150 平方厘米，如果将每个小六边形都切分成 3 个面积相同的平行四边形，那么整个大六边形共由 27 个平行四边形构成。其中黑色牛皮是 18 个平行四边形，占了总数的$\frac{2}{3}$，所以大六边形的面积是 $150\div\frac{2}{3}=225$（平方厘米）。
$18\div27=\frac{2}{3}$ $150\div\frac{2}{3}=225$

装裱 225 平方厘米，收费 90 元！
这么贵！

那我只要框，不要玻璃呢？
10 元。

掏

我只有这么多……
1 元 5 角
算了，东西拿过来，免费给你装一个吧。

特殊图形

解题思路

当图形是不规则图形时，可以用**添加辅助线、平移、旋转、剪拼组合**等方式，将图形进行合理变形，进而求出面积。

①作辅助线，将每个小六边形分割成面积相等的平行四边形。

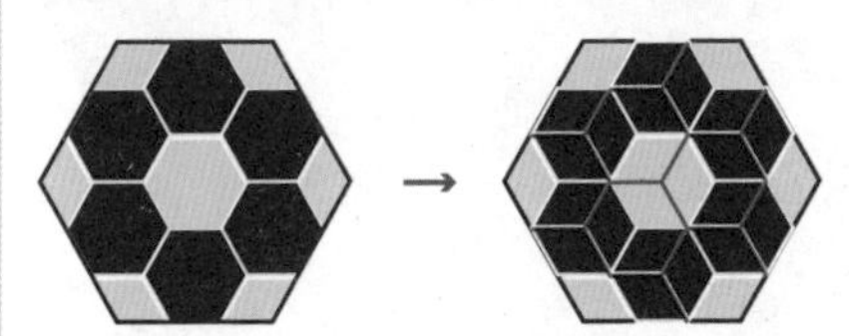

②求出黑色平行四边形的占比。

黑色平行四边形：**18个**
平行四边形总数：**27个**
黑色平行四边形占总数的比例：

$18 \div 27 = \frac{2}{3}$

③黑色部分占整个图形的比例为 $\frac{2}{3}$ ，也就是说150平方厘米是整个大六边形面积的 $\frac{2}{3}$ 。

大六边形的面积 $=150 \div \frac{2}{3} =$ **225（平方厘米）**。

嘴馋的代价

•图形平均分•

那是我给阿黄补身体的 8 个鸡蛋和 4 个鸡腿，怎么都被你们吃了！
爸爸一个人就吃了5个鸡蛋、3 个鸡腿。
喀，你闭嘴。

你们跟我来后院。

作为惩罚，今天你们得和我一块打扫院子里的落叶！
好……

5 分钟后
小乐蝶泳！咕嘟咕嘟……
这群家伙！看来得给他们规定好任务量才行。
小魔女，变身！

我把院子分成了4部分，
我们4个人每人负责一片区域。
完不成不准走！
爷
乐
悠
爸
爷爷，您分得也太随意了，
大小和形状都不相同。

就是！爸爸吃得最多，负责的面积却最小。
我最近腰疼，干不了重活……
那也不能我的面积最大呀，人家还小呢！

那你们说，怎么分才最公平合理？
看我的！

我们只要把整个图形分成12个小正方形，再把12个小正方形平均分成4份，这样就能划分出面积和形状一样的4部分了！
嗯，不错！这个分法好！就按小乐说的办！

加油！干完
活请你们吃
桃子！

一阵大风

咦？

怎么回事？

落叶都去哪儿了？

叶子都吹到哥
哥那里去了！
……

图形平均分

方法

根据条件将一个大图形分割成多个小图形，就是**图形的分割**。将一个大图形分割成若干个形状相同、面积相等的小图形就是**图形等分**。

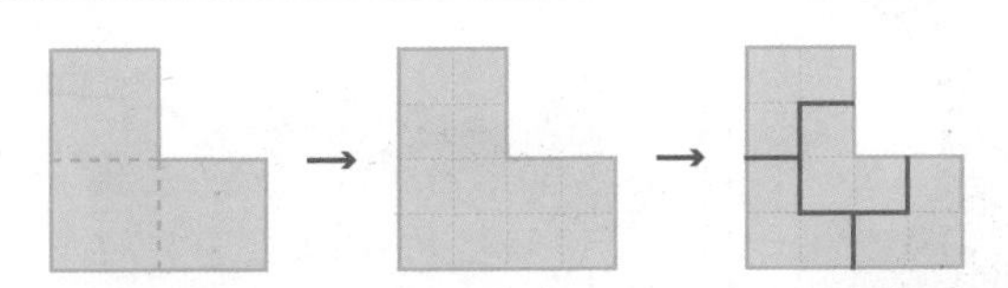

先把原图形划分成若干个形状相同、面积相等的小图形，再按每一部分包含小图形的数量进行分割。

举一反三：将图形等分，且每部分包含的圆点数相等。

等分成4份，每份有3个圆点

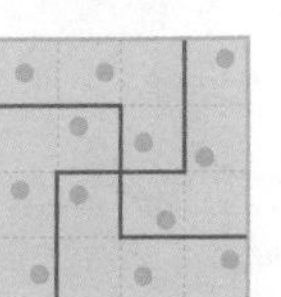

花盆与垃圾桶

• 图形的拼接 •

仓库
就是这个！
猪饲料
存放处
这也太破了，我们得找个新的红色正方形牌子，把原来的给换掉。

找了半天，一张正方形板子都没有！
那可怎么办啊？

快看，我找到了两块硬纸板，可以用这两个图形拼出正方形！

这两个银杏叶形状的图形都是弧形边缘，而正方形的四个边都是直的，怎么可能拼得成？
直接拼当然不行啦，我们得先把这两个银杏叶形状的图形拆分开。

看好了，我先画出银杏叶中间的对称轴，再连接左右两个端点。
哇，银杏叶被分成 4 部分了！

谁能用这 4 部分拼出一个长方形?

这个简单，将下方的 2 个小图形向上移动，正好能和上方的 2 个扇形拼成一个长方形。

我看出来了！ 2 个长方形放在一起就是正方形!

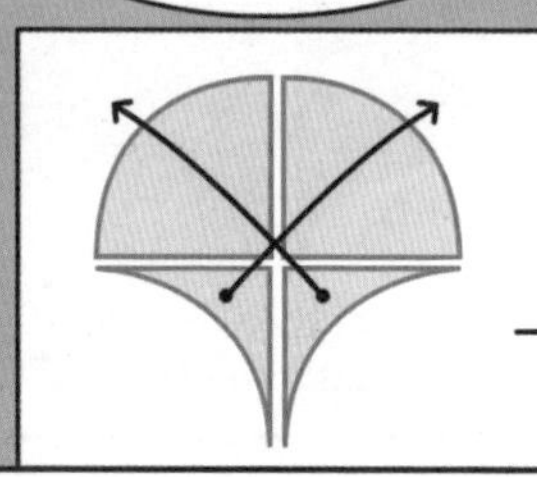
→

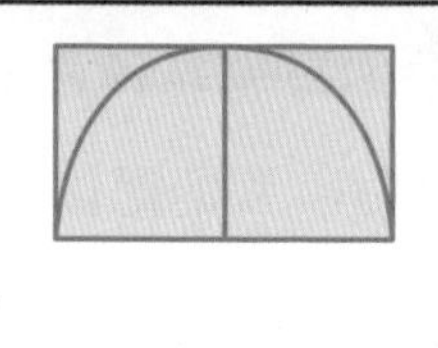

正方形拼好了，只要把它们粘在一块就行了!

我正好做了面糨糊，我来帮你们粘吧!
面糨糊能粘得牢吗?

这你们就放心吧，咱家每年贴对联都用面糨糊，可结实了!
我刚才找了，家里没有胶带和胶水了，只能试一试了。
那好吧。

太好了，这下肯定没人往里扔垃圾了!
不是垃圾桶!

又过了一天

怎么会这样？

面糨糊这次好像不太好使……

这下真成垃圾桶了……

垃圾桶!

不

是

图形的拼接

按一定要求将几个图形拼成一个完整的图形，叫**图形的拼接**。将一个或多个图形先分割开，再拼成一种指定的图形，叫**图形的剪拼**。

解题思路

①银杏叶是轴对称图形，可以先画出中间的对称轴；左右两个端点连接后，上半部分形成了一个半圆，半圆的直径正好等于正方形的边长。这两条交叉的线将银杏叶拆分成了4部分。

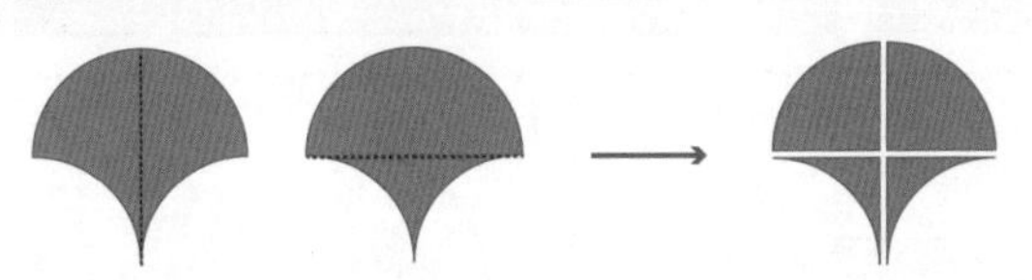

②将下方的2个 向上移动，正好能和上方的2个 拼成一个长方形。长方形的面积正好是正方形面积的一半，所以2个 通过剪切和拼合，可以组成正方形。

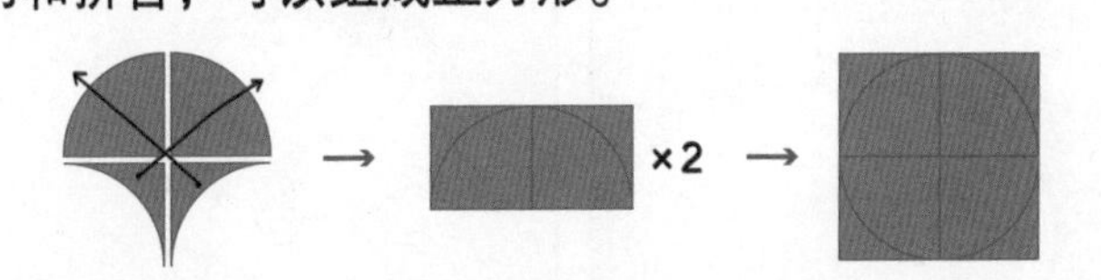

爷爷的朋友

• 周长与面积 •

爷爷、爷爷，您乘坐的大巴车几点到啊？
再有两个小时就到啦！

等您回来，咱们下馆子吃顿好的！

我要带着我的八个朋友回去……出去吃不方便，就在家吃。

我没听错吧，八个朋友？！
爷爷去参加一次夕阳红旅行团，竟然交了这么多朋友！
咔
挂断

这次可有的忙了。
先得把最大的桌子找出来！

我去做菜，你们负责找张大桌子，越大越好！
厨房
系上围裙
好！

半个小时后
圆形最大！
正方形最大！

安静！就让你们找张桌子，在这里嚷嚷半个小时了！
哼！

我说圆形的桌子面积最大，哥哥非说正方形的大！
就是正方形的最大！老爸，尺子呢？我要量一量边长，好算它的面积。

尺子丢了，没法量了。但我知道这 3 张桌面都是你们爷爷亲手做的，周长都是 376.8 厘米。
376.8厘米

三种形状的周长居然相同！
你们爷爷总会做出一些令人费解、出人意料的事。
居然会这么巧！

几分钟后
时间还早，我们来根据周长算算每张桌子的面积吧。
周长计算公式
圆形的周长=2πr
正方形的周长=边长×4
长方形的周长=（长+宽）×2
面积计算公式
圆形的面积=πr²
正方形的面积=边长×边长
长方形的面积=长×宽

圆的半径=376.8÷3.14÷2=60（厘米），面积是3.14×60²=11304（平方厘米）。

正方形的边长=376.8÷4=94.2（厘米），面积是94.2×94.2=8873.64（平方厘米）。

长方形有一点麻烦，我们不知道它实际的长和宽，只知道长+宽=188.4（厘米）。可以假设长为100厘米，宽为88.4厘米。

88.4

那样的话，长方形面积=100×88.4=8840（平方厘米）。
没错。

哈哈！就是圆形的面积最大！
这也不够啊！
行吧，你赢了！
11304 > 8873.64 > 8840

周长与面积

公式

周长计算公式	面积计算公式
长方形的周长 =（长 + 宽）×2	长方形的面积 = 长 × 宽
正方形的周长 = 边长 ×4	正方形的面积 = 边长 × 边长
圆形的周长 =$2\pi r$（r 是半径）	圆形的面积 =πr^2（r 是半径）

关系

在周长固定的情况下，围成的图形越接近于圆形，面积就越大。

圆的面积 > 正方形的面积 > 长方形的面积

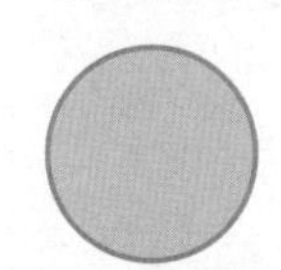

对于周长为固定值的长方形来说，**长和宽的差值越小，面积就越大。**

图书在版编目（CIP）数据

数学超有趣. 第5册, 图形的秘密 / 老渔著. — 广州：新世纪出版社, 2023.11

ISBN 978-7-5583-3969-1

Ⅰ. ①数… Ⅱ. ①老… Ⅲ. ①数学－少儿读物 Ⅳ. ①O1-49

中国国家版本馆CIP数据核字（2023）第180016号